Maria del Huerto Troncoso
Silvia Troncoso

Cocinar en épocas de pandemia

Maria del Huerto Troncoso
Silvia Troncoso

Cocinar en épocas de pandemia

Cocina Uruguaya

Editorial Académica Española

Imprint
Any brand names and product names mentioned in this book are subject to trademark, brand or patent protection and are trademarks or registered trademarks of their respective holders. The use of brand names, product names, common names, trade names, product descriptions etc. even without a particular marking in this work is in no way to be construed to mean that such names may be regarded as unrestricted in respect of trademark and brand protection legislation and could thus be used by anyone.

Cover image: www.ingimage.com

Publisher:
Editorial Académica Española
is a trademark of
Dodo Books Indian Ocean Ltd., member of the OmniScriptum S.R.L Publishing group
str. A.Russo 15, of. 61, Chisinau-2068, Republic of Moldova Europe
Printed at: see last page
ISBN: 978-620-3-58547-6

2021

Cocinar en tiempos de pandemia

Para disfrutar el arte de dar amor día a día

Maria del Huerto Troncoso
Silvia Troncoso

Tabla de contenido

Al amor de vida que me acompañó a plasmar mis ideas y
mi sueño sobre el papel y por apoyarme incondicionalmente
en mi camino.

Prólogo

Hoy en día, hemos perdido muchas costumbres que nuestras familias nos han heredado de generación en generación y una de tanta de ellas, son las recetas con las cuales nos hacen recordar nuestra infancia o a personas que ya no están, compartiendo una reunión familiar y una conversación amena.

Dado al avance de la tecnología y con ésta, el bombardeo de información y de las redes sociales cada día estamos más propensos a esta pérdida, sumado al vertiginoso ritmo de nuestras vidas que nos envuelven en un sin fin de actividades y responsabilidades que nos hacen olvidar de apoco y sin quererlo, las raíces que definen quienes somos.

Esto hace que abandonemos el hábito de la buena cocina y su importancia en nuestras vidas, abocados a platos sencillos y congelados, comida rápida, que nos dan una solución para el momento, modificando y perjudicando nuestra alimentación y con ella nuestra salud.

Este arte, el arte de cocinar, que nos convierte en químicos, matemáticos, inventores, alumnos y maestros, golosos o salado-maniáticos, nos inspira y nos da satisfacción al producir copias de otras, o ¿por qué no? nuestras propias creaciones. Nos distrae y de cierta manera nos lleva a tomar más tiempo para saborear y compartir nuestras elaboraciones con nuestra familia, compañeros de trabajo, y quizás, logrando un almuerzo sin la presencia de celulares.

Lamentablemente, en la época actual y con una pandemia en curso, muchas personas se encontraron perdidas en el encierro diario, como parte de una nueva normalidad, que además de afectar sus rutinas y limitar sus emociones dado el "distanciamiento social" necesario para afrontarla, en el momento de cocinar se ven con dificultad para elaborar artesanalmente lo que cotidianamente se "compraba hecho" e idear con lo que se dispone básicamente en la despensa de la cocina.

Por ese motivo mi hermana y yo, con el cometido de querer devolverles de cierta forma el comienzo de un nuevo renacer en el arte de la cocina, escribimos con esmero y dedicación este libro- guía.

Nuestro principal objetivo es compartirles recetas variadas, sencillas, y saludables, (muchas de ellas de bajo costo) , así como aquellas que son parte del "gustito del fin de semana" o porque simplemente "me lo merezco" luego de una jornada intensa o extenuante, con la mayor parte de ingredientes elementales, que podemos encontrar hasta en el almacén de barrio; acompañadas de una guía de los utensilios básicos que necesitamos en nuestra cocina y explicando los términos utilizados en las preparaciones, que muchas veces desconocemos y que son parte del alfabeto culinario.

Este libro va dedicado a todos aquellos que perdieron la motivación de cocinar y para los nuevos cocineros que están investigando e iniciándose en este mundo tan diverso y divertido como puede ser el arte de cocinar. Los invitamos a explorar, crear, descubrir, desarrollar y compartir.

En nuestra cocina

No es irrelevante poder tener disponible los elementos necesarios para poder elaborar nuestros platos, tenemos algunos más sofisticados y también los del uso diario. La idea es brindarles una base de lo necesario sin tener que invertir dinero en utensilios que usamos muy rara vez.

- **Utensilios:**

* 2 Tablas de madera amplia	Pinza.
Cuchilla de cocinero	Rallador.
Cuchillo de oficio.	Cucharón
Cuchillo de sierra.	Espátula.
Sartén de teflón amplia.	Palo de amasar.
Olla grande de teflón.	Pela papas
Olla chica de teflón	Balanza
Bol de diferentes tamaños.	Papel film, aluminio, manteca, absorbente
Espumadera. .	Asaderas diferentes tamaños.
Cuchara de madera.	Taza y jarra medidora.
Batidor de alambre.	Mazo para carnes
Chaira.	Pincel.
Pisa papas.	
2 o más tablas, es para evitar la contaminación cruzada, para ello debemos asignar una para carnes crudas y otra para verduras, por ejemplo.	

Medidas

Así como los utensilios para poder elaborar nuestros platos es de igual importancia la exactitud de las medidas de los ingredientes para tener éxito en la receta que elaboremos. Vamos a ayudarles con algunas equivalencias como guía, al momento de cocinar.

16 Cdas equivalen a 1 taza

8 Cdas equivalen a ½taza

4 Cdas equivalen a ¼taza

1 cucharadita = 5 mililitros

1 cucharada = 15 mililitros

3 cucharaditas = 1 cucharada

1 taza (desayuno) equivale a 250 ml

Peso y equivalencia de 1 cucharada sopera rasa en gr:
Aceite = 15 gr

Agua = 16 gr
Arroz = …20 gr
Azúcar = ..20 gr
Café = 18 gr
Fécula = 12 gr
Harina = 15 gr
Leche = 17 gr
Levadura = 10 gr
Mantequilla = 15 gr
Mermelada = 20 gr
Miel = 10 gr
Nata líquida = 20 gr
Pan rallado = 15 gr
Perejil u otra hierba = 10 gr
Queso rallado = 15 gr
Sal = 5 gr

Otras medidas comunes:
1 cucharada de miel = 25-30 gr
Una rebanada de pan = 30 gr
1 cucharada de levadura seca = 25 gr de levadura fresca
1 diente de ajo = 5 gr
1 cebolla mediana = 75 gr
1 patata mediana = 150-200 gr
1 tomate mediano = 100 gr

Glosario culinario

En la cocina nos encontramos con términos culinarios que muchas veces desconocemos. Pensamos que es importante y como parte de una herramienta necesaria al momento de cocinar, conocer algunos de ellos, para llegado el momento, poder elaborar las recetas deseadas sin dudas y con el resultado esperado, compartiendoles algunos que seguramente hayan oído frecuentemente y otros, que no tanto.

- **Arenar** - Disolver la manteca en la harina con nuestros dedos hasta que queda totalmente incorporada con la textura y color (forma de arena)

- **Baño Maria**- Se refiere a la cocción de una preparación que va dentro de un recipiente que, a su vez está dentro de otro de mayor tamaño que contiene agua hirviendo.

- **Bridar** - Significa atar una pieza de carne con hilo para que mantenga su forma durante la cocción y/o no pierda su relleno.

- **Batir a punto nieve** – Batir las claras con batidor de alambre o batidora. Este punto nieve se logra cuando se forman picos, se adhiere al bol de tal forma que al voltear el recipiente no se cae.

- **Corte Juliana** - Cortamos los vegetales en tiras largas y finas

- **Corte Sesgo** - Cortamos láminas en diagonal.

- **Corte Pluma** - Cortamos la cebolla en rebanadas de 2 a 3 mm comenzando en un costado y hasta terminar del otro.

- **Corte Chiffonade** - Cortamos hojas en láminas bien finas.

- **Desgasificar-** es quitarle el gas o aire a la masa. Este aire es generado durante el proceso de levado o reposo con levadura. Un ejemplo de esto son las masas para pizza, pan dulce, pan, hojaldre, bollos, etc.

- **Escaldar** - Se refiere a que tenemos que sumergir en agua hirviendo las frutas por ejemplo el tomate para poder retirar la piel con facilidad.

- **Empastar** - Es la acción de cubrir la masa con manteca o margarina para doblarla y extenderla, se utiliza para la masa hojaldre.

- **Espumar** - Se refiere a quitar con la espumadera la espuma de la superficie de un líquido por ej. caldo.

- **Rehogar-** Sofreír un alimento hasta que empieza a dorarse y antes de añadirle el agua, caldo o salsa con que va a cocinarse.
- **Saltear** - Freír a fuego fuerte un alimento crudo o previamente cocido, de forma que queda dorado por fuera y jugoso por dentro.
- **So freír -** Freír un alimento a fuego lento solamente hasta que está ligeramente dorado.

- **Sellar** - Dorar un alimento rápidamente a fuego fuerte por todos lados para que este conserve sus jugos en el interior.

- **Salpimentar** - Agregar sal y pimienta a gusto.

Tips de cocina

Estas ideas van a ser de utilidad al momento de armar los platos, y lograr una práctica elaboración de nuestros alimentos.

Preparaciones para utilizar posteriormente

Ají catalán en aceite

Vamos a darle un toque picante a nuestras comidas.

Cortar los ajíes en rodajas, colocar en un bol con un paño de cocina para que absorba el agua que sale de los ajíes. Para ello agregamos un poco de sal. Lo dejamos reposar una hora como mínimo y procedemos a exprimirlos bien. Colocar en envase esterilizado previamente. Agregarle pimienta negra en granos y luego aceite de oliva hasta que queden sumergidos.
Cerrar y dejar reposar mínimo dos semanas para su consumo.

Ajo y perejil

No hay nada más sabroso que usar en nuestras comidas el ajo y perejil, si bien algunas veces recurrimos al deshidratado, contar con estos elementos frescos, es una manera de tener en nuestro refrigerador esta combinación natural y más nutriente.

Para ello, lavamos el perejil y retiramos las hojas, las picamos con cuchilla o en mixer. Pelamos los dientes de ajo, (si utilizamos cuchilla, previamente aplastamos los dientes de ajo con la misma) y luego procedemos a picarlo; en caso de realizarlo con mixer directamente lo cortamos. Mezclamos ambos ingredientes, lo cubrimos completamente con aceite de oliva o girasol y lo guardamos en un recipiente de vidrio con tapa, en el refrigerador.
Cada vez que lo utilicemos debemos agregar el aceite faltante para que quede nuevamente cubierto.
Esta mezcla perdura aproximadamente 1 mes.

Berenjenas al escabeche

Nunca debe faltar en nuestro refrigerador aquellas preparaciones listas para consumir o recibir a nuestros seres queridos, con pan tostado y unas exquisitas berenjenas para acompañar.

Ingredientes:
- 1 kg berenjenas
- 1 lt agua
- 1 lt vinagre
- 200 cc aceite
- Hojas de laurel
- Orégano
- Sal gruesa

Preparación:

Pelar y cortar las berenjenas de 1 cm de espesor. Colocar en un colador y dejar reposar con sal gruesa entre capa y capa por 40 minutos. Enjuagar bien y reservar.
En una olla, colocar el agua junto con el vinagre y algunas hojas de laurel.
Cuando rompa el hervor verter las berenjenas y cuando nuevamente rompe el hervor cocinar durante 7 minutos, retirar del fuego y escurrir.
Cuando se enfríe la preparación agregarle el aceite y el orégano en frascos de vidrios para su conservación.

Criolla

La salsa criolla como suele decirse es un aderezo ideal para carnes así también como para embutidos por ej. Chorizo. Dado que es muy sencilla de preparar siempre es una buena opción de tener en nuestro refrigerador.

Criolla es a base de cebolla, morrón rojo, perejil freso y tomate. Cortamos en sesgo la cebolla, morrón y tomate. Mezclamos y agregamos perejil picado, humedecemos con aceite de oliva o de girasol. Es una combinación que podemos conservar pero sin el tomate ya que fermenta el mismo que podemos agregar al momento de su consumo.

La manera de conservar la preparación es verter la misma en un recipiente de vidrio para conservas y cubrimos por completo en aceite de oliva o girasol. Cada vez que lo utilicemos debemos agregar el aceite faltante para que quede nuevamente cubierto.
Esta mezcla perdura aproximadamente 1 mes.

Crocante de papas

La cáscara de la papa que nos sobra de otras recetas, las podemos utilizar para la decoración y agregarles un toque nuevo de sabor a nuestros platos.
Para ello, quebrar las cáscaras en trozos chicos, freímos en aceite bien caliente durante unos segundos y después a fuego medio. Pasar por papel absorbente para sacar todo el exceso del aceite y agregar sal.

Crocante de boniatos

La cáscara del boniato que nos sobra de otras recetas, las podemos utilizar de la misma manera del crocante de papas, jugando con nuevos sabores y decoración.

Crocante Rústico

Quebramos pan (de preferencia flauta) en trozos pequeños y en un bol lo mezclamos con aceite de oliva y salpimentamos. Colocamos en una asadera amplia a 170 grados, precalentado previamente. Horneamos hasta que queden bien dorados y crocantes. Dejamos enfriar y conservamos en un frasco. Duran hasta tres semanas guardados.

Chips de ajo

Pelamos los dientes de ajo, cortamos en láminas bien finas que queden casi traslúcidas.
Freímos con aceite de arroz preferentemente, hasta que queden dorados, apagar el fuego y dejamos que con el calor el mismo aceite los termine de secar.
Retirar del aceite y secar en papel absorbente. Cuando enfríen se guardan en un recipiente hermético y duran hasta 15 días.

Pesto

Quien no ha comido deliciosa pasta con pesto o pizza. El inigualable sabor de la albaca y la crujiente nuez. Aquí les damos la manera de prepararlo y tenerlo listo para nuestro consumo.

Picamos:
- ⅔ taza de albahaca
- ⅓ taza de perejil
- 3 dientes de ajo
- ¼ taza de nueces

Mezclamos los ingredientes y humedecemos con aceite de girasol.
La manera de conservar la preparación es verter la misma en un recipiente de vidrio para conservas y cubrimos por completo en aceite de oliva o girasol. Cada vez que lo utilicemos debemos agregar el aceite faltante para que quede nuevamente cubierto.
Esta mezcla perdura aproximadamente 1 mes.

Conservación de alimentos frescos

Jengibre

Partimos en dos la raíz del jengibre, un trozo pequeño y un trozo grande. Envolvemos el trozo pequeño en film sin pelar y guardamos en el refrigerador. Partir en aros el resto del jengibre, guardarlo en una bolsa para freezer y congelar.

Lechuga

Para conservar la lechuga fresca en la heladera, primero lavamos bien hoja por hoja.
Las hojas deben secarse bien, introducimos las hojas de lechuga en un contenedor plástico y entre hoja y hoja colocamos papel absorbente para que absorba la humedad. Aplicando este método la duración es de aproximadamente entre 3 a 5 días en el refrigerador. Si la cortamos debe ser preferentemente con cuchillo de plástico ya que retarda por más tiempo la oxidación del vegetal.

Perejil

Enrollamos las hojas ya limpias y secas en papel de cocina absorbente ligeramente humedecido previamente, se envuelve el paquete que acabamos de hacer en papel film y lo guardamos en el refrigerador.

Debe tena temperaturas

Zanahorias

Si has notado que tus zanahorias no están del todo blandas, existe una forma de salvarlas aún. Las zanahorias necesitan humedad, por lo que será necesario sumergirlas con todo y cascará en un recipiente lleno de agua fría y hielos. Esto les devolverá su frescura y estado normal.

Para conservar las zanahorias crocantes, colocamos las zanahorias en un recipiente de vidrio preferentemente, y lo llenamos de agua, podremos guardarlo en el refrigerador, el agua las mantiene más hidratadas, las conserva frescas y crocantes por más tiempo.

Entradas

En el Uruguay no tenemos la costumbre al momento de almorzar o cenar preparar una entrada antes del plato principal. Solemos hacerlo para festividades como por ejemplo Noche buena o fin de año, en cambio en otros países suele ser costumbre servir una entrada.

Porque no agasajarnos con ello?, realza la presentación de nuestra mesa y le da un toque sofisticado a la reunión en familia o con nuestros invitados. Es una sorpresa siempre bien recibida y puede ser muy sencilla su elaboración. Aquí les dejamos algunas recetas para que prueben hacer y degustar.

Canastitas de verduras

Ingredientes:

- Masa de aceite (ver página ,,,)
- 12 huevos
- 1 taza de acelga
- ¼ cebolla
- ¼ morrón
- Queso rallado

Preparación:

Picar las verduras, cocinar en sartén y condimentar. Estirar la masa de aceite y cortar en círculos. Enmantecar los moldes de muffins, colocar la masa, rellenar con la acelga previamente cocinada, espolvorear con queso rallado y verter un huevo por cada molde. Cocinar a horno previamente calentado por 30 minutos en temperatura 220 grados. Servir fríos o calientes.

Huevos Rellenos

4porciones

Ingredientes:

- 4 huevos
- 2 Cdas Mayonesa,

- Sal, pimienta.

Preparación:

Hervimos los huevos, los cortamos a la mitad a lo largo, con cuidado sacamos la yema sin romper la clara. Colocamos las yemas en un bol junto con la mayonesa, salpimentamos a gusto. Incorporamos bien, hasta que quede cremoso.

Rellenamos los huevos, cubrimos con mayonesa y decoramos a gusto. Para la decoración se puede usar morrón, aceitunas, anchoas cortadas chicas, hojas de perejil o lo que gusten deleitar.

Matambre relleno

8 porciones

Ingredientes:
- 2 kg matambre
- 2 cdtas sal
- 2 cdtas adobo
- ½ cdta pimienta
- Zanahoria
- Cebolla
- Perejil
- Tallos de apio

Relleno:
- ¼ taza de aceite
- ½ taza cebolla picada
- 4 tazas espinaca cocida cortada
- 100 grs aceitunas verdes picadas
- 3 rebanadas panceta tostada y picada
- 1 cdta sal
- pizca de pimienta

Preparación:

Condimentamos el matambre con la sal, adobo y pimienta. Saltear la cebolla en el aceite y agregar los demás ingredientes del relleno.

Esparcir el relleno sobre el matambre, arrollar y atar. Cocinar a fuego bajo cubierto de agua durante 2 horas con los siguientes vegetales.
- Zanahoria
- Cebolla
- Perejil
- Tallos de apio

Retirarlo del agua y prensarlo para que al enfriarse quede unido.

Tomates rellenos

6 porciones

Ingredientes:
- 6 tomates grandes
- 3 papas grandes
- 3 latas de atún
- 2 huevos duros
- 1 Cda. manteca
- Leche
- Nuez moscada a gusto,
- Mayonesa
- Sal y pimienta

Preparación:
Con los tomates lavados, cortamos la parte superior y con una cuchara sacamos con cuidado la pulpa junto con las semillas, los dejamos boca abajo sobre una tabla para que salga todo el jugo. Pelamos y hervimos las papas en agua hasta que estén bien cocidas. Colocamos las papas hervidas en un bol junto con la manteca y la pisamos para hacer puré, llevamos a fuego con un poco de leche y mezclamos bien hasta que quede un puré cremoso, salpimentamos, agregamos un poco de nuez moscada.

Cuando el puré está frío, añadimos el atún y la mayonesa a gusto, mezclamos hasta que quede como una crema homogénea y rellenamos los tomates. Para decorar cubrimos con la ayuda de una cuchara o cuchillo plano con mayonesa, rallamos los huevos y colocamos arriba de la mayonesa, lo podemos decorar con finas tiras de morrón y aceitunas, perejil, etc.

SOPAS

Sopa de zanahoria

4 porciones

Ingredientes:
- 1 litro
- 4 zanahorias
- 1 boniato
- ¼ calabacín
- sal

Preparación:
Pelar todos los ingredientes. Cortar en cubos y hervir en el agua con sal.
Cuando las verduras estén cocidas retirar del fuego y licuar junto con el agua.

Sopa de zapallo

4porciones

Ingredientes:
- 1 litro de agua
- 4 cebollas chicas
- 2 dientes de ajo
- ½ zapallo
- 2 zanahorias
- 1 papa
- Sal y pimienta
- Tomillo, albahaca,   perejil

Preparación:
Dorar la cebolla en aceite caliente, incorporar el ajo picado y el zapallo cortado en cubos.
Cubrir con agua caliente las verduras e incorporar las papas cortadas.

Condimentar a gusto, cocinar a fuego lento con la olla semi tapada. Por último, se incorpora la zanahoria cuando todo se encuentre en su punto. Licuar la preparación, servir con crocante de pan.

Sopa Minestrone

6porciones

Ingredientes:
- 1 litro de agua
- ¼ Calabaza
- 1 puerro
- 1 cebolla colorada
- 2 cebollas comunes
- 1 diente de ajo
- 1 taza porotos de manteca
- Albahaca, perejil
- Apio
- 2 tomates
- 1 zapallito
- 1 zucchini
- ¼ kg de chauchas
- 1 taza de arroz
- Sal,pimienta
- Queso rallado

Preparación:

Rehogar (sofreír) en una olla grande las cebollas blancas junto con la colorada, incorporar el ajo y puerro cortado de forma chiffonade. Agregar los tomates triturados. Agregar el agua. Cuando rompa hervor incorporar la zanahoria, calabaza, zapallito, zucchini y por último las chauchas.
Cuando las verduras se encuentren en su punto incorporar los porotos cocidos previamente y el arroz. Cuando el arroz se encuentre cocido (aprox 8 min), retirar del fuego y agregar perejil, apio y albahaca picados. Salpimentar. Espolvorear con queso rallado al momento de emplatar.

Sopa de gallina y hortalizas

6 porciones

Ingredientes:
- 2 lts de agua
- 1 Gallina de 2 kg
- 2 manojos de hortalizas para caldo
- 2 dientes de ajo
- sal
- 2 tomates
- 2 calabacines
- 1 cebolla grande
- 1 cdta orégano
- 150 grs de pasta coditos
- 1 morrón rojo
- 1 morrón verde
- 150 grs porotos de manteca
- pimentón dulce
- pimienta blanca

Preparación:

Cortar la gallina por la mitad y colocar con las hortalizas para caldo en una olla. Verter el agua y los ajos previamente pelados, llevar a ebullición. Salar y cocinar durante 1 hora y media, a fuego lento, en olla semi tapada.

Cortar los tomates pelados en dados al igual que el calabacín y la cebolla en juliana.

Retirar la gallina del caldo, colarlo y llevarlo nuevamente a ebullición. Añadir las hortalizas cortadas y el orégano. Incorporar los coditos y cocinar hasta su punto.

Cortar los morrones en juliana. Retirar la piel de la gallina y proceder a deshuesarla y cortarla en cubos.

Añadir a la sopa los morrones, los porotos y los cubos de gallina. Cocinar a fuego lento durante 5 minutos. Salpimentar y agregar el pimentón dulce.

Masas

Masa de aceite

Ingredientes:

- **600 grs harina**
- **1 cdta polvo de hornear**
- **1 huevo**
- **¾ taza leche tibia**
- **¼ taza aceite**

Preparación:

Mezclar todos los ingredientes secos. Agregar el huevo batido y en una taza entibiar la leche con el aceite y agregarlo.
Amasar hasta que quede una masa suave.

Masa de pizza

Ingredientes
4 porciones

- 500 grs harina
- 1 cdta sal
- 1 cdta azúcar
- 1 cda levadura seca
- 6 cdas aceite de oliva
- 1 taza agua tibia aprox

Preparación:

Mezclar todos los ingredientes secos, por último agregar el aceite y el agua, amasar, dejar reposar mínimo 30 minutos.
Amasar y estirar. Colocar en asadera aceitada con aceite de oliva.

Masa para empanadas al horno

Ingredientes:

- 3/4 tazas manteca
- 1/2 taza agua hirviendo
- 1 Cda leche
- 2 Tazas harina
- 1/2 cta sal

Preparación:

Mezclamos la manteca derretida con el agua y la leche.
Le agregamos la harina y sal. Amasamos hasta que quede suave.
Dejamos reposar 15 minutos antes de estirar.

Masa para empanadas fritas

Ingredientes:

- 5 tazas Harina
- 2 cdtas sal fina
- 1 huevo
- 1 1/4 taza agua
- 100 grs manteca o grasa de cerdo

Preparación:

Colocamos en un bol la harina, sal.
La manteca o grasa, el huevo y el agua preferentemente tibia.
Amasamos y dejamos reposar 15 minutos.
Estiramos 0,50 cm de espesor aprox. Freímos en aceite bien caliente.

Panes y bizcochos

No existe nada más rico que preparar nuestros propios panes y bizcochos, asi sea para nuestro desayuno y/o merienda. Acompañar nuestros platos principales con un delicioso pan elaborado por nosotros. Por ese motivo aca les dejamos algunas ideas sencillas para disfrutar.

Bizcochos de anís

20 unidades

Ingredientes:
- 10 grs levadura seca
- 2 ½ cdas azúcar
- 1 taza de leche
- 2 huevos
- 1 cdta manteca
- 2 cdas aceite
- ½ k harina

Relleno:
- 2 ½ cdas manteca
- ½ taza azúcar
- Granos de anís
- Esencia de anís
- Almíbar

Preparación:

Poner a fermentar la levadura junto con la leche y el azúcar.

Mezclar un huevo, la manteca y el aceite y agregarle la levadura fermentada. Agregar la harina de a poco y amasar hasta que quede una masa consistente. Dejar reposar 30 minutos.

Preparar el relleno mezclando todos los ingredientes y después de la masa leudada estirarla en forma rectangular y untarla con el relleno.

Enrollar y cortar al medio,y nuevamente al medio, hasta obtener el tamaño deseado.

Colocar en asadera enmantecada, pintar con el otro huevo, batido y hornear a fuego medio durante 20 minutos, cuando estén dorados retirar del horno y pintar con el almibar.

Margaritas

12 unidades

Ingredientes:
- 350 grs harina
- 15 grs levadura fresca
- 1 cda azúcar
- 150 ml agua tibia

- 2 cdas aceite
- sal
- 6 cdas dulce de leche
- 4 tiras de membrillo

Preparación:

Poner a fermentar la levadura junto con el agua y el azúcar. En un bol verter la harina y hacer forma de volcán. Espolvorear la sal por los bordes y en el centro verter la levadura fermentada y el aceite. Comenzar a unir desde afuera hacia adentro, verter agua tibia hasta formar una masa firme. Espolvorear con harina la mesada y amasar durante 5 minutos, dejar reposar 15 minutos.

Dividir la masa en dos partes, estirarla con los dedos en forma rectangular, agregar a lo largo el dulce de leche o membrillo sin que toque los bordes.

Enrollar a lo largo y cortar en porciones circulares, unir la base que irá apoyada en la placa. Llevar a la asadera previamente aceitada, hornear a 180 grados por 20 minutos. Espolvorear con azúcar.

Pan con grasa

12 unidades

Ingredientes:

- 100 grs manteca
- 300 grs harina
- 3 cdta sal fina al ras
- 1 Cda levadura fresca
- 1 cdta azúcar
- 100 ml agua tibia, aprox.

Preparación:

Mezclamos el azúcar y la levadura con el agua tibia, y dejamos reposar 10 minutos.

En un bol vertemos la harina mezclamos con la sal y agregamos la manteca. Enarenar.

Por último agregamos el preparado de la levadura y mezclamos hasta que se pueda amasar. Dejamos reposar 30 minutos. Estiramos con palote y cortamos rectángulos en lo posible finos. Los vamos enrollando de una punta hacia el medio y la otra punta hasta que queden dos rollos enfrentados.

Humedecemos con agua una parte de uno de los rollos por arriba y el otro rollo lo encimamos cruzado, dándole la forma.

Colocar en chapa sin enmantecar. Cocinar a 180 grados aprox 10 minutos.

Pan de pita

12 unidades

Ingredientes:
- 1 k de harina
- 15 grs levadura seca
- ½ litro agua tibia
- 1 cdta azúcar
- 1 cda sal
- 25 grs manteca
- 30 ml aceite

Preparación:

Disolver el agua junto con el azúcar y la levadura, dejar fermentar por 10 minutos.

En la mesada colocar la harina y formar una corona, en el borde espolvorear con la sal y en el centro agregamos el aceite y la manteca derretida.

Se agrega lentamente la levadura fermentada y se comienza a amasar integrando todo el líquido. Es importante que la masa no quede seca ni pegajosa. La harina que sobre se reutiliza para estirar los panes.

Amasar durante 10 minutos, formar bollitos de unos 5 cm de diámetro. Estirar con palote a ½ cm de grosor. Dejar reposar tapadas con un repasador.

Precalentar el horno a fuego máximo de 15 a 20 minutos. Colocar los panes en una placa y hornear durante 5 minutos.

Medialunas de manteca

16unidades

Ingredientes:
- 700 grs harina
- 1 cdta sal
- 10 grs levadura seca
- 225 cc leche
- 1 huevo
- 100 grs azúcar
- 1 cta miel

Empaste:

- 200 grs manteca
- 50 grs harina

Almíbar:

- ½ taza de azúcar
- ½ taza agua

Preparación:

Colocamos en un bol la harina, formar una corona y espolvorear la sal por los costados. En el centro verter la levadura junto con la leche tibia, huevo batido, miel y por último el azúcar. Amasar hasta que quede suave, dejar reposar durante 1 hora preferentemente tapada.

Estirar la masa en forma de rectángulo lo más fina posible, colocar el empaste sin que toque los bordes. Plegar hacia el centro la masa sin empaste. Colocar en la heladera una hora, estirar con palote y doblar a la mitad. Se repite dos veces el mismo procedimiento.

Estirar hasta que quede de 0,5 cm aprox. Cortar en triángulos. Para armar la medialuna hacemos un rollito desde un lado hacia la punta, cocinar a fuego medio en una chapa enmantecada.

Preparar el almíbar y cuando se enfríen, se pintan.

Pan de manteca relleno

5 unidades medianas

Ingredientes:

- 1 kg harina
- 50 grs manteca
- 50 grs levadura fresca
- 1 cdta sal fina
- 1 cdta azúcar
- 200 grs jamón cocido
- 200 grs queso muzarella
- Agua tibia la necesaria
- 1 yema

Preparación:

En un bol agregar la harina y formar un hueco, en el borde esparcimos la sal, y en el centro agregamos la manteca derretida. Incorporamos la levadura ya fermentada en el agua con el azúcar y mezclar hasta obtener una masa firme. Dejar reposar 30 minutos espolvoreándole por arriba harina.

Se forman los bollos de la cantidad de panes que se quieran hacer y estirar formando un cuadrado, agregar el jamón y el queso sin que toquen los bordes. Mojar con agua las puntas y enrollar.

Una vez listos hacer cortes para que no se abran en forma diagonal encima del pan y pintar con la yema previamente batida. Colocar en chapa enmantecada y hornear a 180 grados durante 30 minutos.
Servir fríos.

Pan de cebolla y morrón

18 unidades

Ingredientes:
- 500 grs harina
- 50 grs levadura fresca
- 1 taza de agua
- 1 pizca de azúcar
- 1 cdta sal
- ¼ morrón rojo
- ¼ cebolla
- 2 dientes de ajo
- Orégano
- 1 huevo batido

Preparación:

Picar la cebolla el ajo y el morrón, saltearlo hasta que dore y reservar.
Colocar la levadura en una taza junto con el azúcar y agua tibia, dejar fermentar durante 10 minutos. Verter la harina junto con la sal en un bol y mezclar. Colocar la levadura fermentada en el centro de la harina. Mezclar el resto de los ingredientes incluidos los salteados anteriormente, hasta incorporarlos bien en la masa.
Dejar leudar hasta que alcance el doble de su tamaño. En una asadera untada con aceite colocamos de a bollos pequeños ya que alcanzan el doble de su tamaño original. Pintar con el huevo previamente batido y llevar a horno moderado 10 minutos a 220 grados.

Pan tortuga con semillas

12 unidades

Ingredientes:

- 4 tazas harina 0000
- 3 Cdas manteca derretida
- ¾ taza leche tibia

- 1 taza agua
- 1 Cda sal fina
- ½ Cda azúcar
- 1 Cda levadura en polvo
- Semillas de sésamo
- 1 huevo

Preparación:

Primero se mezcla todo los ingredientes líquidos, excepto el huevo que es para pintar.

Agregamos los ingredientes secos, amasar hasta conseguir una masa suave, dejar reposar 30 minutos.

Cortar en trozos para formar bollos del mismo tamaño y dejar leudar nuevamente 10 minutos. Colocar en una placa aceitada, pincelar con el huevo y esparcir las semillas por arriba.

Hornear a fuego moderado durante 25 minutos.

Pebetes de jamón y queso

24 unidades

Ingredientes:

- 500 grs harina
- 5 grs levadura seca
- 270 ml agua tibia
- 200 ml leche
- 50 grs manteca pomada
- 1 cdta sal
- 30 grs azúcar

Relleno:
- 200 grs jamón
- 200 grs queso dambo

Preparación:
Añadir en un bol la harina, Hacer un volcán y espolvorear al costado la sal.

En el centro añadir la levadura junto con los ingredientes líquidos. Mezclar suavemente. Agregar la manteca en textura pomada por último. Amasar e ir agregándole harina en la mesada y seguir trabajando en ella durante 10 minutos hasta que quede suave y lisa. Cortar pequeños bollos de 40 grs. Tapar y dejar reposar durante 30 minutos.

Los desgasificamos, doblar los bordes hacia adentro para crear un bollo perfecto y darle la forma de pebete.

Colocar en asadera previamente enmantecada y enharinada. Dejar reposar durante 1 ½ hora.

Cuando hayan duplicado su tamaño hornear a 180 grados durante 20 minutos.

Cortar cuando el pan se encuentre tibio y pintar ambas caras internas con manteca pisada con agua gasificada, agregar el jamón y queso.

Rosca de fiambre

4 unidades

Ingredientes:

- 50 grs levadura
- 1 Cda azúcar
- ½ litro agua tibia
- 1 kilo harina
- 100 grs grasa
- 100 grs jamón
- 100 grs queso muzzarella

Preparación:

Colocar la harina en un bol y hacer un hueco. Espolvorear la sal en los bordes y la grasa derretida en el hueco. Desgranar la levadura con el azúcar y agregar el agua tibia. Mezclar. Agregar en el hueco la mezcla junto con el agua tibia.
Mezclar y por último agregar los fiambres cortados en cubos y amasar. Dar 7 golpes a la masa sobre la mesada. Darle forma de rosca con los cortes correspondientes.
Llevar a horno en chapa aceitada durante 40 minutos a 180 grados.

Scones con sabores

12 unidades

Ingredientes:
- 2 tazas de harina
- 4 cdtas polvo de hornear
- 1 cdta sal
- ⅓ taza manteca
- ⅔ taza leche tibia
- Para dar gusto: Ciboulette, ajo u orégano, etc.

Preparación:

Colocamos en un bol todos los ingredientes secos, incluido el ciboulette. Si se prefiere, se puede cambiar por otras especias por ej.: Ajo, orégano, etc. Agregamos la manteca y la leche tibia. Mezclar ligeramente para hacer una masa tierna.
Amasar suavemente sobre una tabla, estiramos de 2 cm de espesor, cortar con molde circular. Colocar sobre chapa enmantecada. Cocinar en el horno a fuego medio durante 15 minutos.

Scones de queso

12 unidades

Ingredientes:
- 2 tazas de harina
- ½ taza queso rallado grueso
- 4 cdtas polvo de hornear
- 1 cdta sal
- ⅓ taza manteca
- ⅔ taza leche tibia

Preparación:
Colocamos en un bol todos los ingredientes secos, incluido el queso rallado. Agregamos la manteca y la leche tibia. Mezclar ligeramente para hacer una masa tierna.
Amasar suavemente sobre una tabla, estiramos de 2 cm de espesor, cortar con molde circular, le agregamos queso rallado por arriba.
Colocar sobre chapa enmantecada.
Cocinar en el horno a fuego medio durante 15 minutos.

Tortas fritas

12 unidades

Ingredientes:
- 600 grs harina
- 2 ½ cdta sal
- 1 cda manteca derretida
- ½ cda grasa

* 1 huevo
* 1 taza leche tibia
* 1 cdta polvo de hornear

Preparación:
Verter la harina en un bol y mezclar con la sal. Hacer un volcán y espolvorear el polvo de hornear en los costados, Verter la manteca en el medio junto con los ingredientes líquidos y por último el huevo batido, mezclar hasta lograr una masa consistente.
Cortar en bollos y estirar con palote hasta que quede de una forma circular, hacer un agujero en el medio.
Freír en grasa hirviendo hasta que estén doradas. A la grasa para que no queme, se le puede agregar un trozo o 1 manzana.

Platos principales

En esta sección vamos a encontrar platos sencillos o un poco más elaborados para poder degustar y compartir con nuestros comensales.

Albóndigas

4 comensales

Ingredientes:
* ¾kg carne picada
* 2 rodajas pan lactal
* leche
* aceitunas
* panceta
* sal, pimienta
* harina

Salsa:
* ½ cebolla
* ½ morrón
* ½ pulpa de tomate
* agua
* sal, orégano, salsa tabasco

Preparación:

Salpimentar la carne, agregarle las aceitunas picadas y la panceta en trozos chicos. Mezclar, y reservar.
Humedecer el pan lactal con leche. Romper el mismo y agregarlo a la carne, unir bien. Armar pequeños bollos de carne y pasarlos por harina, reservar.
So fritar la cebolla y el morrón picados, agregar la pulpa de tomate y rebajar con agua a gusto.
Condimentar con sal y un toque de salsa tabasco. Agregar las albóndigas a la preparación y cocinar a fuego lento durante 20 minutos aprox.

Servir calientes, acompañar con arroz o pastas.

Carne mechada

3porciones

Ingredientes:
- 500 grs bola de lomo
- ½ morrones1/2 cebolla
- 100 grs panceta
- 1 puerro
- Perejil
- Aceitunas

Preparación:
Picar las aceitunas y la panceta, reservar. Picar las verduras. Salpimentar y saltear la cebolla junto con el morrón y el puerro.
Limpiar la carne y proceder a cortar en el medio de la misma para crear un bolsillo. Mezclar las verduras cocidas con las aceitunas y panceta, agregarle el perejil picado.
Rellenar la carne proceder a cerrar el bolsillo cociendo la misma o con escarbadientes. Salpimentar y sellar.
Cocinar en horno moderado.

Calzone de Jamón y queso

4 porciones

Ingredientes:
- 600 grs harina
- 3 cdas aceite

- 1 cda levadura seca
- 1 cdta sal
- 1 cdta azúcar
- 1 taza agua tibia

Relleno:
- 200 grs jamón
- 50 grs queso muzzarella
- 50 grs queso provolone
- 50 grs queso colonia
- 50 grs aceitunas (preferentemente verdes)

Preparación:
Colocamos la harina en un bol y agregamos la sal, alrededor y en el centro agregamos la levadura junto con el azúcar. De a poco agregar el agua tibia hasta formar una masa (suave), como la masa de pizza. Dejar reposar 30 minutos.

Cortar el jamón en cubos y le agregamos los quesos cortados o rallados, mezclar junto con las aceitunas. Agregarle un poco de salsa de tomate para humedecer.

Repartir la masa en dos partes y estirar con palote en forma redonda, no muy fina. Agregarle el relleno en el centro y humedecer los bordes con agua.

Cerrar en forma de empanada y colocar en asadera previamente aceitada.

Hornear durante 30 minutos a 220 grados. Servir caliente.

Chorizos al vino blanco

4porciones

Ingredientes:
- 1 kg chorizos
- 1 l vino blanco seco
- 1 morrón grande
- 1 cebolla grande

Preparación:

Cortar la cebolla y el morrón en juliana. Colocar en una asadera los chorizos junto con la cebolla y el morrón. Verter por encima el vino blanco.

Llevar a horno, fuego moderado, de vez en cuando pincharlos y girarlos.

Esta listo cuando el vino este casi evaporado.

Servir junto con la cebolla y el morrón.

Escalope de nabo

1 porción

Ingredientes:

- 1 Nabo
- 1 cda queso rallado
- 1 cda manteca derretida
- 1 huevo apenas batido
- Sal
- Pimienta

Preparación:

Pelar y rebanar fino el nabo, colocar en tartaleta individual previamente enmantecada, cubrir con una capa de nabos. Espolvorear con el queso y agregar la manteca, colocar una capa más y volver a espolvorear.
Por último verter el huevo y salpimentar.
Llevar a fuego máximo durante 20 minutos.

Faina

4 porciones

Ingredientes:
- 2 tazas de harina de garbanzo
- ¼ taza harina
- 3 tazas agua
- 1 1/1 cdta sal
- 1 ½ Cda aceite
- 3 Cdas de aceite para chapa/asadera

Preparación:
Remojar todos los ingredientes, pre calentar una chapa/asadera de 36 cm de diámetro o de 30*40 cm con 3 Cdas de aceite, espolvorear con sal.
Verter la masa en la chapa y hornear a 230 grados por 30 minutos.

Servir caliente, espolvorear con pimienta blanca.

Guiso de arroz

6 porciones

Ingredientes:

- ½ kg carne picada magra
- ½ chorizo colorado
- ½ cebolla
- ½ morrón
- 1 zapallito
- 1 zanahoria
- 1 cubo sabor carne
- 2 tazas pulpa de tomate
- 1 taza arroz
- 1 lata de porotos a elección
- sal, orégano, adobo, pimientos ahumado

Preparación del arroz:

Verter el arroz en una olla y agregarle 2 tazas de agua, mezclar por única vez y cocinar a fuego lento hasta que se evapore el agua, reservar.

Elaboración:

Picar la cebolla y el morrón, so fritar junto con el chorizo cortado en rodajas. Cuando se doren agregar la carne picada, y sellarla.

Verter la pulpa de tomate junto con el agua, rallarle por encima el zapallito junto con la zanahoria, agregar los condimentos a gusto y el cubo sabor carne, mezclar y cocinar a fuego moderado.

Cuando la carne este cocida, retirar del fuego y agregarle los porotos.

Por último, agregamos el arroz que teníamos reservado. De esta manera no absorbe la pupa de tomate y evitamos que se pase de cocción.

Hamburguesas de lentejas yquinoa

16unidades

Ingredientes:

- ½ taza lentejas
- ½ taza quinoa
- 1 cebolla
- ½ morrón
- 1 zanahoria chica
- orégano, sal, pimienta
- 1 huevo
- 3 tazas agua

Preparación:

Lavar y so fritar la quínoa, agregar las lentejas escurridas previamente en remojo por 24 horas o podemos utilizar las que vienen en lata.

Agregar a la mezcla 3 tazas de agua. Dejar cocinar hasta que se evapore el agua. Pasar por el mix la preparación.
Picar y so fritar la cebolla y el morrón, condimentar, agregar el huevo y lo mezclamos.
Llevar a refrigerador y dejar reposar 30 minutos para que termine de amalgamar.
Aceitar una placa para horno y hornear durante 20 minutos aprox.

Milanesas de merluza a la marinera

3 raciones

Ingredientes:
- 1 kg filete de merluza
- 4 huevos aprox
- 500 grs harina
- 2 limones
- sal y pimienta blanca

Preparación:

Lavar los filetes de merluza y verter el jugo de los limones a cada posta, salpimentar.
En el momento de freír, con el aceite hirviendo pasar la posta por los huevos batidos harina y fritar.
Escurrir con papel absorbente y servir con salsa pomarola por encima.

Niños envueltos

2 raciones

Ingredientes:
- 6 churrascos
- 500 ml pulpa de tomate
- ½ cebolla
- ½ morrón
- sal, orégano, tabasco

Relleno:
Deja volar tu imaginación

Preparación:

Sellar los churrascos previamente salpimentados. En el medio colocar el relleno por ej, verduras salteadas, huevo duro, panceta, etc.
Los arrollamos y con escarbadientes lo cerramos para que no se salga el relleno, reservar.

So fritar la cebolla y el morrón previamente picados. Agregar la pulpa de tomate y condimentar.
Colocar los niños envueltos en la preparación y cocinar a fuego lento durante 30 minutos.
Servir con arroz preferentemente.

Nuggets de pollo rápidas

Ingredientes:
- 1 pechuga de pollo
- Leche
- Sal, pimienta
- Doritos
- 2 huevos aprox.

Preparación:

Cortar la pechuga de pollo en dados o tiras, sin piel. Dejar reposar en leche durante media hora, salpimentar.
Con una maceta o martillo de cocina romper los doritos en pequeños trozos. Pasar el pollo por los huevos batidos previamente, y después por los doritos.
Repetir este paso2 veces.
Fritar en aceite bien caliente.

Pascualina

8 porciones

Ingredientes:

- 2 atados de acelga
- 1 cebolla
- 1 morrón
- 4 huevos
- sal, pimienta y nuez moscada
- 50 grs queso rallado
- Masa de aceite (ver página21)

Preparación:

Sacar los tallos de la acelga y hervir las hojas con sal, 6 minutos aprox desde que rompe el hervor. Escurrir y picar.

Picar la cebolla y el morrón, so fritar en aceite de oliva, agregar la acelga y salpimentar, condimentar con orégano y nuez moscada. Por ultimo agregar el queso rallado.

Estirar la masa y colocar sobre asadera enmantecada, verter el relleno, y agregar los huevos batidos previamente por arriba de la preparación. Otra opción es colocar dentro de la preparación los huevos duros.

Tapar y pinchar la masa con un tenedor en diferentes lados, agregar cubitos de manteca por encima.

Llevar al horno a 220 grados por 20 minutos aprox.

Patitas de pollo crocantes

4porciones

Ingredientes:
- 1/ 2 kg patitas de pollo
- 1 cda ketchup
- 1/ cdta curry
- chimichurri
- sal gruesa
- sal fina

Preparación:
Mezclar el kétchup junto con el curry, salar las patitas y pincelar.

Cubrir una asadera o chapa con sal gruesa y colocar una rejilla por encima donde cocinaremos las patitas.

Cocinar a fuego lento hasta dorar, dar vuelta, pincelar nuevamente y cocinar hasta que quede dorado.

Pollo con especias

4 porciones

Ingredientes:

- 1 pollo
- 2 limones
- 1 naranja
- Sal
- Pimienta
- 1 cdta curry
- 1 cdta comino
- ½ cdta canela

- Aceite

Preparación:

Abrir el pollo y agregarle el jugo de los limones y la naranja. Dejar reposar media hora antes de cocinarlo.
Salpimentamos. Mezclar las especias con un poco de aceite y pintar.
Llevar al horno moderado aprox 40 minutos, o hasta que esté bien dorado.

Revuelto de gramajo

4 porciones

Ingredientes:

- 1 kg papas fritas corte fino
- 6 huevos
- 1 cebolla chica
- 100 grs panceta en fetas
- 100 grs jamón en fetas
- Perejil fresco
- Sal y pimienta

Preparación:

Fritar las papas en aceite hirviendo pero no deben quedar crocantes, agregar sal y reservar.
Cortamos la cebolla en corte pluma, y la doramos junto con la panceta cortada en tiras sobre una plancha caliente aceitada.
Cortar las fetas de jamón y agregar a las papas fritas, así también como las cebollas y la panceta previamente cocidas. Mezclar bien.
Batir los huevos, salpimentar. Una opción es agregar apenas un poco de crema de leche a los huevos ya batidos.
Colocar la preparación en una plancha u olla profunda aceitada previamente, calentamos la preparación de las papas y cuando estén calientes se le vierte el huevo
Mezclar constantemente hasta que se cocine el mismo.
Servir caliente con perejil picado por arriba y unas rodajas de limón decorando el emplatado.

Solomillo de cerdo al horno

4porciones

Ingredientes:
- 1 ½ kg solomillo
- Mermelada de durazno

- Sal y pimienta
-

Preparación:

Limpiar y fetear el solomillo, salpimentar.
Pincelar con mermelada y hornear a 220 grados hasta que quede con una capa crocante.

Tarta de choclo

6porciones

Ingredientes:
- 1 masa hojaldrada
- 1 cebolla mediana
- 1 lata crema de choclo
- 1 lata granos de choclo
- 150 grs queso crema
- 2 Cdas azúcar
- leche para pintar
- 2 huevos

Preparación:

Cortar en cubos la cebolla, rehogar y cuando esté lista agregarle los granos de choclo y el queso, entibiar.
Agregarle la crema de choclo y condimentar con nuez moscada y pimienta negra. Agregarle los huevos previamente batidos. Verter sobre la masa de tarta, tapar y pintar con leche y espolvorear con azúcar.
Hornear a 220 grados durante 30 minutos aprox.

Torta gallega

6 porciones

Ingredientes:

- 3 latas de atún
- 1 morrón rojo chico
- 1 cebolla chica
- Cantidad necesaria de pulpa de tomate

* 2 hojas laurel
* Orégano y adobo
* Masa de aceite ver pág.21

Preparación:

Picar la cebolla y el morrón. So fritar y por ultimo agregarle el atún escurrido junto con el laurel y las especias.

Mezclar a fuego bajo. Por ultimo agregarle un chorro de pulpa de tomate para humedecer la preparación, retirar y verter en la masa.

Llevar a horno a 220 grados durante 30 minutos aprox.

Torta de puerro

8 porciones

Ingredientes:
* 8 puerros
* 3 huevos
* 100grs queso rallado
* 1 cebolla
* 50grs panceta
* 1cda queso untar
* orégano, condimento verde
* Masa de aceite (ver pág. 21)

Preparación:
Cortar los puerros en rodajas finas, descartando las hojas verdes. So fritar junto con la cebolla cortada en juliana y la panceta.

Agregar el puerro y cocinar a fuego moderado, salpimentar y condimentar.

Cuando se enfríe agregarle el queso de untar, y los huevos previamente batidos junto con el queso rallado.

Colocar sobre la masa previamente estirada, sobre una asadera enmantecada, tapar y pintar con manteca.

Hornear 15 minutos aprox. a 280 grados.

Zapallitos rellenos de carne

6 porciones

Ingredientes:
* 1 kg zapallito
* ½ kg carne picada
* ½ morrón

- ½ cebolla
- salsa blanca ver pág48…
- con queso rallado
- especies

Preparacion:

Hervir los zapallitos enteros hasta que estén blandos, aproximadamente 10 minutos.
Cuando enfríen cortar por la mitad y con una cuchara retirar la pulpa y reservar.
Picar la cebolla y el morrón y so fritar, agregarle la carne picada, condimentar. Por ultimo agregar la pulpa de los zapoyolitos previamente procesada.
Rellenar las mitades de los zapallitos y cubrir por encima con la salsa blanca, espolvorear con queso rallado.
Gratinar.

Acompañamientos y aderezos

Mayonesas, arroz, salsas … dejemos volar la imaginación.

Arroz cubano

Ingredientes:
- ½ morrón rojo grande
- 1 cebolla mediana
- ½ cabeza de ajo
- 4 tazas de arroz
- 100grs panceta
- Sal y comino
- 2 latas porotos negros

Preparación:
Cortar la cebolla y el morrón en juliana, picar el ajo. So fritar la cebolla junto con el ajo, por el último agregar el morrón y la panceta en trozos.
Espolvorear con sal. Verter las dos latas de porotos con su jugo, 6 tazas de agua y 4 de arroz. Tapar y cocinar aprox 6 minutos, dejar reposar dos minutos.
Por ultimo condimentar con comino.

Arroz a la italiana

4 porciones

Ingredientes:
- 3 cdas manteca

- 3 cdas cebolla picada
- 1 ½ taza pulpa de tomate
- 1 cdta sal
- ¼ cdta azúcar
- laurel
- 3 ½ taza caldo de gallina

Preparacion:

Dorar la manteca junto con la cebolla y el arroz. Agregar y hervir durante 3 minutos la pulpa de tomate junto con la sal el azúcar y una pizca de pimienta.
Agregar el caldo y el laurel.
Cocinar a fuego bajo hasta que el arroz esté a punto.

Aros de cebolla

Ingredientes:

- 1 /2 taza harina
- 1 cda polvo de hornear
- 1 taza de leche
- sal, pimienta
- 2 cdas aceite de oliva
- 2 cebollas grandes

Preparación:
Batir todos los ingredientes excepto la cebolla, hasta lograr una consistencia cremosa, dejar reposar 10 minutos en heladera. En caso de ser necesario aligerarla con un poco más de leche o agua para obtener la consistencia deseada.
Cortar las cebollas en aros, no finos, pasarlos por la Preparacion, escurrir el excedente de la masa. Cocinar en aceite hirviendo, dorar ambos lados y escurrir en papel absorbente.

Buñuelos de brócoli y queso

40 unidades

Ingredientes:
- 500 grs harina
- 1 brócoli hervido
- ½ taza queso rallado
- 2 huevos
- Vinagre
- Aceite

- 1 cda polvo de hornear
- Leche

Preparacion:

Picar el brócoli, y añadirle el queso rallado, los huevos, el aceite, sal, polvo de hornear, un chorrito de vinagre y aceite, por último la leche hasta lograr una masa pastosa.
Calentar el aceite y cuando este hirviendo verter la masa dándole forma con una cuchara, empujando la misma con una cucharita.
Fritar a fuego máximo, escurrir en papel absorbente.

Buñuelos de verduras

16 unidades

Ingredientes:
- 1 taza de harina
- 1 ½ cdta polvo de hornear
- ½ cdta salado-maniáticos1 huevo apenas batido
- ¼ taza de leche
- 1 Cda aceite
- ½ cdta de limón
- 2 Cda queso rallado
- 1 taza vegetales cocidos

Vegetales:
- ½ taza espinaca cocida
- 1 puerro
- 1 zanahoria
- ¼ morrón
- Sal, nuez moscada, orégano a gusto.

Preparación:
Saltear en una sartén el puerro cortado en rodajas finas, la zanahoria rallada, el morrón cortado en juliana y la espinaca picada. Condimentar a gusto y reservar.
Mezclar la harina junto con el polvo de hornear y la sal. Agregar a la preparación el resto de los ingredientes.
Por ultimo agregar la taza de verduras y mezclar.
Freír por cucharadas en aceite caliente, escurrir en papel de cocina.

Coliflor gratinado

4 porciones

Ingredientes:
- 1 coliflor
- 100 grs muzzarella
- 100 grs queso rallado
- 50 grs manteca
- 50 grs harina o almidón de maíz
- Leche
- Nuez moscada, sal, pimienta
- Aceite de oliva

Preparacion:
Cortar el coliflor descartando los tallos gruesos, hervir en agua con sal hasta su cocción, reservar.
Preparar la salsa blanca tradicional, condimentada con nuez moscada, sal y pimienta.
Colocar el coliflor en una fuente de preferencia tipo "Pirex" aceitada con el aceite de oliva, colocar por encima la muzarella, verterle la salsa blanca y por último el queso rallado.
Gratinar a 180 grados durante 30 minutos.

Croquetas de carne

8 porciones

Ingredientes:
- ½ kg carne picada
- 1 taza salsa blanca muy espesa ver pág. 48 ...
- ½ cebolla
- ½ morrón
- orégano, condimento verde, sal, pimienta
- 2 dientes de ajo
- 1 huevo
- Cantidad necesaria de pan rallado

Preparación:

Picar y saltear la cebolla junto con el morrón y los dientes de ajo. Agregar la carne, condimentar y cocinar. Reservar
Hacer la salsa blanca con una taza de leche para que quede bien espesa y mezclarla cuando este pronta con la carne y esperar a que se enfríe.
Batir el huevo con 1 cucharada de agua, dar forma cilíndrica a la preparación, pasar por pan rallado, huevo y nuevamente por pan rallado.
Freír en abundante aceite, escurrir en papel absorbente.

Hummus

El hummus es una receta muy antigua cuyos orígenes algunos lo sitúan en el antiguo Egipto. Es muy común en países árabes y del Oriente Medio, siendo por ejemplo uno de los platos principales de la cocina libanesa. Es de elaboración sencilla, muy nutritiva y de sabor exquisito.

Procesamos:
1 Lata de Garbanzos

Agregamos:
- 1 pizca de sal
- 1 pizca de pimentón
- 1 diente de ajo
- 2 cdas aceite de oliva

Mayonesa de apio

Ingredientes:
- 1 rama de apio
- 2 dientes de ajo chicos
- 1 huevo
- 1 yema
- ¼ taza de aceite
- Sal y pimienta
- Jugo de limón

Preparación:

Picar el apio junto con el ajo y colocar en un vaso de licuadora. Agregar todos los ingredientes que restan, y verter un poco de aceite. Licuar y lentamente se le va incorporando el aceite hasta lograr la consistencia deseada.

Milhojas de papa

6 porciones

Ingredientes:
- 2 kg papas
- ½ l crema de leche

- 200 grs jamón
- 200 grs muzarella
- sal

Preparación:

Pelar y cortar la papa en láminas finas, salarlas.
Enmantecar una asadera y colocar una capa de papas cubriendo el fondo de la misma.
Colocar por encima el jamón y la muzarella. Cubrir con otra capa de láminas de papas.
Verter por encima la crema de leche.
Llevar al horno a 180 grados hasta que las papas estén cocidas.

Ravioles fritos

Ideales para agregar en una picada, como snack y muy sencillo de hacer.
Separamos los ravioles y freímos en aceite hirviendo hasta que queden dorados y crocantes.

Revuelto de zapallitos

Ingredientes:
- 1 kg de zapallitos
- 1 morrón rojo mediano
- 1 cebolla medianas
- 4 huevos
- Queso rallados
- Condimentos a gusto

Preparación:

So fritar la cebolla y el morrón, reservar. Cortar en sesgo los zapallitos y verter en la olla junto con la cebolla y el morrón. Cocinar a fuego moderado, salpimentar y condimentar.
Batir los huevos con queso rallado hasta que queden cremosos, escurrir bien la preparación antes de agregarlos y esperar a que el zapallito este casi a punto de cocción.
Cocinar a fuego lento y mezclar con cuchara de madera hasta que el huevo este cocido, servir como acompañamiento de carnes.

Salsa agridulce fácil

Ingredientes:
- 300 cc miel
- 3 cdas savora

Preparación:
Mezclar ambos ingredientes, calentar en microondas.

Salsa agridulce para cerdo

Ingredientes:

- 4 cdas miel
- 4 cdas ketchup
- 4 cdas salsa de soja agridulce
- 1 cda pimentón picante

Preparación:

Mezclamos todos los ingredientes para poder pincelar la carne a cocinar.

Salsa blanca o bechamel

Ingredientes
Liviana:

- 1 cda manteca
- 1 cda harina
- 1 taza leche
- 1/2 cdta sal
- Nuez moscada

Mediana:

- 2 cdas manteca

- 2 cdas harina
- 1 taza leche
- 1/2 cdta sal
- Nuez moscada

Espesa:

- 2 cdas manteca
- 3 cdas harina
- 1 taza leche
- 1/2 cdta sal
- Nuez moscada

Muy espesa:

- 2 cdas manteca
- 4 cdas harina
- 1 taza leche
- 1/2 cdta sal
- Nuez moscada

Ejemplos de la utilización de cada consistencia: liviana se utiliza por para sopas, la mediana para salsas, la espesa para souffles y la muy espesa para croquetas.

Se prepara de la misma forma para todas. Derretir la manteca, agregar y disolver la harina, agregar lentamente la leche, revolviendo hasta que espese, condimentar con la sal y nuez moscada.

Tostones

Ingredientes:
- 1 plátano macho
- sal
- aceite

Preparacion:
Pelar y cortar el plátano en rodajas de 2 cm aprox de grosor. Freír en aceite hirviendo hasta que se doren apenas, retirar del aceite, colocar sobre un nylon de a una rodaja y aplastar con una base de vaso o plato, fritar nuevamente hasta que se doren por completo, espolvorear con sal.
Servir calientes.

Repostería

Pasteles, bizcochos, cupcakes, galletas…la repostería está llena de dulces sabores y también de formas innovadoras y atractivos colores. Un postre tiene que enamorar a primera vista y para ello es fundamental que los accesorios de cocina que utilices para su elaboración sean los más adecuados. Te proponemos una serie de utensilios básicos de repostería para que prepares tus dulces con mayor comodidad y el resultado sea impecable. Recuerda siempre apostar por la calidad a la hora de hacerte con ellos, ya que el uso de una buena herramienta influye directamente en el desenlace final.
Descubre todo lo que te has perdido hasta ahora y lánzate al maravilloso mundo de la repostería.

Báscula

Aunque es un instrumento necesario en cualquier elaboración, en la repostería se hace fundamental para pesar los ingredientes con precisión y resulte tener el mejor resultado. Lo ideal es que permita medir en distintas unidades: gramos, mililitros, onzas…

Jarra medidora

Son fantásticas para medir líquidos de una manera rigurosa. Asegúrate de comprar una jarra de calidad para que las marcas estén bien hechas y en lo posible no se borren con el tiempo y el uso. Además, es recomendable disponer de distintos tamaños para poder medir cantidades grandes y pequeñas.

Tazas y cucharas medidoras

¿Cuántas veces te has topado con una receta que te indica las cantidades en cucharitas o tazas? Ya no tendrás problemas con las cantidades gracias a estos prácticos utensilios que te indican la cantidad exacta.

Cuencos o bols

Son muy necesarios para verter los ingredientes y mezclarlos. Los hay de distintos materiales, aunque los más prácticos son los de plástico, que no se rompen, y los de acero inoxidable, para mantener la temperatura de determinados ingredientes.

Batidora

Sería impensable sumergirte en el mundo de la repostería sin una batidora, ya sea eléctrica o manual. La necesitarás para batir crema (nata), huevos, claras o cualquier elaboración que requiera la incorporación de aire.

Rodillo

Este cilindro con mangos en los extremos es esencial para extender cualquier tipo de masa y nivelarla. Los encontrarás fabricado en madera, plástico, silicona o acero inoxidable.

Cortantes

Sirven para cortar masas de galletas o el baño fondant y los puedes encontrar en distintos materiales como plástico o acero inoxidable. Lo mejor es tener al menos un juego para poder realizar distintas formas y tamaños.

Moldes

Los utilizarás para cortar y hornear bizcochos, magdalenas, tartaletas… Hoy en día los puedes encontrar con todo tipo de formas, desde las más básicas a las más sofisticadas, y en materiales como la silicona o el aluminio. Te recomendamos que comiences comprando moldes redondos lisos y desmontables de distintas medidas. También es bueno contar con alguno alargado.

Flanera

Uno de los utensilios más tradicionales en el mundo de los postres. Gracias a él podrás elaborar tus flanes al baño María o en el horno. Los podrás encontrar en acero inoxidable, los más comunes, o en silicona. Algunos modelos incorporan tapadera.

Rejilla

Podrás enfriar cómodamente tus bizcochos o galletas gracias a que permite que circule el aire. Además, te servirá como base para glasear tus elaboraciones.

Espátulas

Un instrumento imprescindible para lograr un acabado perfecto en tus postres, ya que te facilitan el montaje y la decoración. También sirven para distribuir y nivelar los rellenos o coberturas, y para mezclar las preparaciones. Las más aconsejables son las de silicona. Las encontrarás en distintos tamaños y formas.

Manga pastelera

El utensilio de la repostería por excelencia. Te servirá para rellenar y decorar tartas, pasteles, cupcakes… Las mangas pueden ser de tela (algodón), de silicona o de plástico desechable, que son más higiénicas.

Boquillas

Y no hay manga pastelera sin boquilla. Las podrás encontrar de distintos tamaños y formas para que puedas realizar todo tipo de filigranas en tus pasteles. Busca boquillas de calidad y de acero inoxidable para que el resultado sea perfecto.

Te servirá para impregnar la superficie de tus postres con huevo batido, repartir el azúcar glasé o almibarar a los bizcochos. A diferencia de otras, las brochas de silicona son más flexibles, ligeras y fáciles de lavar, lo que impide que se queden restos en los filamentos.

Si vas a iniciarte en el mundo de la repostería te aconsejamos que te hagas con estos utensilios básicos, funcionales y cómodos para elaborar tus postres con mayor facilidad. Conseguirás un dulce resultado.

Alfajores de maizena

12 unidades

Ingredientes:
- 300grs de almidón de maíz
- 200 grs harina
- 2 huevos
- 150 ml aceite girasol
- 100 grs azúcar impalpable
- 1 cda vainilla
- 1 cdta polvo de hornear
- ralladura de limón
- coco rallado

Relleno:
- dulce de leche

Preparación:
Mezclar los huevos junto con el aceite y la vainilla. Agregarle el azúcar impalpable y mezclar nuevamente hasta que quede cremosa la mezcla. Agregar ralladura de limón a gusto.
Por ultimo agregar los ingredientes secos excepto el coco rallado. Unir y amasar hasta que quede una masa suave.
Estirar y cortar en círculos del grosor que se prefiera, colocar en asadera enmantecada y hornear a 220 grados 10 minutos aprox.
Enfriar en una rejilla luego unir dos tapas con el relleno de dulce de leche y sobre los costados decorar con el coco rallado.

Lemon Pie rápido

Ingredientes:
- 200 grs galletitas Maria
- 100 grs manteca

Relleno:
- 3 yemas
- 1 huevo
- Jugo de 1 limón
- Ralladura de cáscara 1 limón
- 1 taza de leche
- 3 cdas de almidón de maíz
- 1 taza azúcar

Merengue:
- 3 claras
- 15 cdtas azúcar
- 3 gotas de limón

Preparación:

Triturar las galletas y unir con la manteca derretida. Colocar en una asadera redonda con fondo desmontable y esparcir bien la mezcla de manera uniforme. Reservar.

Disolver el almidón de maíz con la leche, batir bien para evitar grumos. Añadir el azúcar y mezclar.

Agregar las 3 yemas batidas previamente y el huevo. Mezclar bien y por último incorporar el jugo de limón y la ralladura.

Cocinar a fuego lento, revolviendo constantemente hasta que rompa el hervor, proceder a revolver durante un minuto desde ese momento. Retirar de fuego y verter sobre la anterior preparación.

Colocar a baño maria la claras junto con el azúcar y las gotas de limón. Revolver hasta que el azúcar se disuelva y retirar del fuego.

Batir con batidora hasta que se formen picos. Decorar con manga cuando la crema se enfríe y guardar en refrigerador.

Pastelitos criollos

Masa:
- ½ kg harina
- 250 cc agua
- 1 cdta sal
- 50 grs manteca

Empaste:
- 100 grs manteca
- 250 grs almidón de maíz

Relleno:

- dulce membrillo
- dulce de leche

Preparación:

Colocar la harina en un bol y espolvorear con la sal, mezclar y formar un volcán. Verter en el centro la manteca derretida y el agua. Amasar y espolvorear con harina, dejar reposar 60 minutos.
Estirar la masa de grosor de 3 milímetros, pintar con manteca derretida y espolvorear con fécula de maíz, repetir este paso mínimo 4 veces.
Cortar los bordes de la masa hojaldrada para que se abran al momento de fritar.
Cortar en cuadrados o rectángulos. Colocar en el medio el relleno deseado poca cantidad, mojar alrededor del mismo con agua y plegar la masa, apretando alrededor del relleno.
Fritar en aceite hirviendo y con un tenedor ir separando el hojaldre.
Escurrir en papel absorbente y espolvorear con azúcar impalpable.
Servir fríos.

Tarta de manzana rápida

Ingredientes:
- 1 kg manzanas rojas
- azúcar rubia
- manteca
- 3 huevos
- 1 taza azúcar
- 1 taza harina cernida
- 2 cdtas polvo de hornear
- 1 cdta sal al ras
- canela

Preparacion:
Batir los huevos y agregarle el azúcar, por ultimo agregarle la harina y el polvo de hornear. Mezclar.
Enmantecar la asadera y cubrir con un fondo de azúcar rubia. Colocar las rodajas de manzanas cortadas finas sobre el azúcar. Espolvorear con la canela y por último verter la masa por encima.
Cocinar a fuego moderado, aprox 30 minutos.

Torta de naranja

Ingredientes:
- ¾ taza azúcar
- ¼ taza manteca derretida
- 1 huevo
- ¼ taza jugo de naranja
- ¼ taza leche
- 1 taza harina
- 2 cdtas polvo de hornear
- 1 cdta ralladura de naranja
- ½ cdta sal

Para espolvorear
- ½ taza azúcar
- ⅓ taza azúcar
- ½ cdta canela
- ½ cdta ralladura de naranja
- ¼ taza manteca derretida

Preparación:

Mezclar por un lado todos los ingredientes líquidos, inclusive el huevo.
Aparte mezclar los ingredientes secos. Agregar la mezcla líquida a la seca, y batir hasta que la harina esté húmeda.
Verter en molde cuadrado de 20x20 enmantecado y esparcir por arriba los ingredientes para espolvorear (mezclado) y hornear a 175 grados por 30 minutos.

Torta de naranja y chocolate

Ingredientes:
- 2 yemas
- 1 taza azúcar
- Cantidad necesaria de leche
- jugo de 4 naranjas
- ralladura de 1 naranja
- 2 tazas harina 0000
- 2 Cdas polvo de hornear
- 4 cdtas cacao
- 2 Cdas manteca

Preparación:

Batir las yemas junto con el azúcar y la manteca.

Agregar la harina, el juego de naranja, la ralladura y el polvo de hornear. Vamos añadiendo leche hasta que quede la Preparacion cremosa. Repartir en dos la Preparacion y a una de ellas agregarle el cacao.

Verter en molde enmantecado y enharinado.

Llevar al horno precalentado a 180 grados, hasta su cocción, aprox 45 minutos.

Printed by Books on Demand GmbH, Norderstedt / Germany